Sciopticon

Einführung in die Projections-Kunst

Franz Paul Liesegang

Alpha Editions

This edition published in 2022

ISBN : 9789356709560

Design and Setting By
Alpha Editions
www.alphaedis.com
Email - info@alphaedis.com

Contents

Das Sciopticon

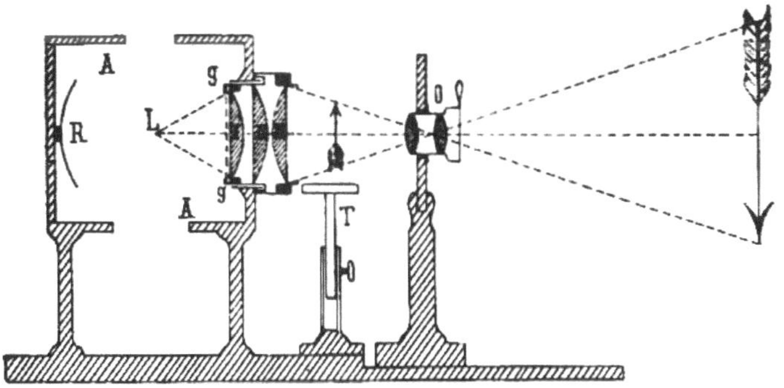

Fig. 1. Projectionsapparat.

oder die Projections-Laterne — eine neue, vervollkommnete Form der alten Laterna magica — dient dazu, um von Glasbildern, welche in den Apparat gesetzt werden, ein vergrößertes Bild auf die Wand zu werfen. Das Instrument besteht im wesentlichen aus der Lichtquelle, einem Linsensystem, welches die Lichtstrahlen sammelt und auf den Gegenstand leitet (dem Condensor), und einem zweiten Linsensystem (dem Objectiv), welches von dem Gegenstand ein vergrössertes Bild auf die Wand projicirt. Figur 1 zeigt die Anordnung eines Projections-Apparates. Bei L ist die Lichtquelle, I, II und III sind die Linsen des Condensors, O das Objectiv. Der kleine Pfeil stellt den zu projicirenden Gegenstand (das Glasdiapositiv) dar, der grosse Pfeil das Bild desselben auf der Wand.

Man sieht aus der Abbildung, dass man auf der Wand ein umgekehrtes Bild erhält; damit es aufrecht wird, muss man also das Laternenbild umgekehrt in den Apparat einsetzen. Die alte Laterna magica hatte dieselbe Einrichtung; nur waren die einzelnen Theile sehr unvollkommen, und daher liess sich ein gutes Bild nicht damit erreichen.

Ein Projections-Apparat, der etwas Brauchbares liefern soll, muss ein gutes optisches System (Condensor und Objectiv) und vor allem eine gute

Lichtquelle

haben. Am meisten geeignet wäre das directe Sonnenlicht. Doch steht uns dasselbe nicht immer zur Verfügung, am wenigsten gerade dann, wenn wir es brauchen. Man muss daher künstliches Licht benutzen.

Die Anforderungen, welche an die Lichtquelle gestellt werden, sind erstens grosse Helligkeit und zweitens möglichst geringe Ausdehnung: theoretisch müsste die Lichtquelle ein Punkt sein. Es kommen für uns in Betracht das Petroleumlicht, das Kalklicht und das electrische Bogenlicht. Die anderen Lichtquellen sind für Projectionszwecke unbrauchbar.

Das **Petroleumlicht** kommt überall dort zur Verwendung, wo es sich um die Herstellung von Bildern massiger Grösse (bis zu 2 Meter oder höchstens 3 Meter im Durchmesser) handelt, und hierfür ist es auch die geeignetste Lichtquelle. Für den Familien- oder Bekanntenkreis, für Schulen und kleinere Vereine ist die Petroleumbeleuchtung meist völlig ausreichend. Ausserdem ist die Handhabung äusserst einfach, Petroleum ist überall zu haben und die Lampe ist stets fertig zum Gebrauch.

Das **Kalklicht** ist zu Projectionszwecken das schönste Licht. Es wird dort benutzt, wo grössere Bilder verlangt werden. Das Kalklicht wird erzeugt, indem man ein Gemisch von Sauerstoff und Wasserstoff unter Druck auf ein Stück gebrannten Kalk leitet und entzündet. Das Kalkstück wird dadurch zu einer intensiven Weissgluth gebracht; es giebt ein sehr helles, weisses und ruhiges Licht, welches hinreichend concentrirt ist.

An Stelle des Wasserstoffgases kann auch Leuchtgas aus der Gasleitung oder in Ermangelung desselben Alcoholdämpfe benutzt werden. Die Darstellung des Sauerstoffes ist höchst einfach und völlig ungefährlich.

Das **electrische Bogenlicht** entspricht den Anforderungen, welche an die Lichtquelle gestellt werden, am meisten. Es ist äusserst intensiv und sehr concentrirt: fast ein Punkt. Doch ist das electrische Licht für Laternenbilder nicht so geeignet wie das Kalklicht: es ist einmal zu intensiv und macht die Bilder hart und unharmonisch, zum andern hat es einen bläulichen Schein, der leicht die Wirkung der Bilder schädigt und für die Augen sogar unangenehm sein kann.

Für das Projections-Microscop und für die Projection wissenschaftlicher Experimente hingegen ist das electrische Bogenlicht sehr brauchbar. Die Verwendung des electrischen Lichtes kann natürlich nur in Frage kommen, wenn man hinreichend starken electrischen Strom zur Verfügung hat und dort wird sie sich auch empfehlen; eine besondere Anlage würde sehr kostspielig sein.

Andere Lichtquellen, wie das Magnesiumlicht und Gasglühlicht, kommen für uns nicht in Betracht. Das **Magnesiumlicht** lässt sich nicht genügend ruhig oder stabil herstellen und erzeugt ausserdem einen weissen Rauch, der den ganzen Apparat beschlägt; bei dem **Gasglühlicht** ist die Lichtmenge auf eine viel zu grosse Fläche vertheilt, auch nimmt die Helligkeit des Lichtes bald ab.

In den meisten Fällen kommt entweder Petroleumlicht oder Kalklicht zur Verwendung; Petroleumlicht, wenn eine mässige Vergrösserung (bis zu 2 Meter, höchstens 3 Meter) ausreicht, Kalklicht dort, wo grössere Bilder verlangt werden.

Der Bau des Sciopticons

ist so eingerichtet, dass jede der drei Lichtquellen, Petroleumlicht, Kalklicht sowie electrisches Bogenlicht zur Verwendung kommen kann. Die Projections-Laternen sind aus Stahlblech (nicht aus leicht rostendem Eisenblech) construirt; die Fassungen sind aus Messing gefertigt oder gut vernickelt. Der Körper der Laterne hat oben eine Oeffnung für den Schornstein der Petroleumlampe. An der Rückseite befindet sich eine Thüre, welche sich seitlich oder nach oben hin öffnen lässt. Der in Figur 2 dargestellte Apparat hat noch an jeder Seite eine Thür: dieselben kommen zur Verwendung, wenn Kalklicht benutzt wird.

An der vorderen Seite des Körpers befindet sich der **Condensor**. In Figur 3, welche uns ein Sciopticon älterer Construction mit zweidochtiger Petroleumlampe zeigt, sehen wir denselben im Durchschnitt. Der Condensor besteht aus zwei planconvexen Linsen (p und q), deren gewölbte Seiten einander zugekehrt sind. Man hat auch Condensoren construirt, welche aus 3 Linsen bestehen; sie haben vor den Doppel-Condensoren jedoch nur einen Vortheil, wenn es sich um Linsen von sehr grossem Durchmesser handelt. Die erforderliche Grösse des Condensors richtet sich nach dem Format der Bilder, welche man projiciren will. Die im Handel befindlichen Laternenbilder sind durchgängig 7 cm hoch und 7 cm breit — mit abgerundeten Ecken. Es kommt dies daher, dass die Negative früher nicht besonders für den Projectionsapparat, sondern zugleich zum Gebrauche für das Stereoscop aufgenommen wurden, und so hat sich dieses Format eingebürgert. Die meisten Sciopticons sind für diese Bilder berechnet und haben dementsprechend einen Condensor von 10 cm Durchmesser.

Fig. 2. Sciopticon mit vierdochtiger Lampe.

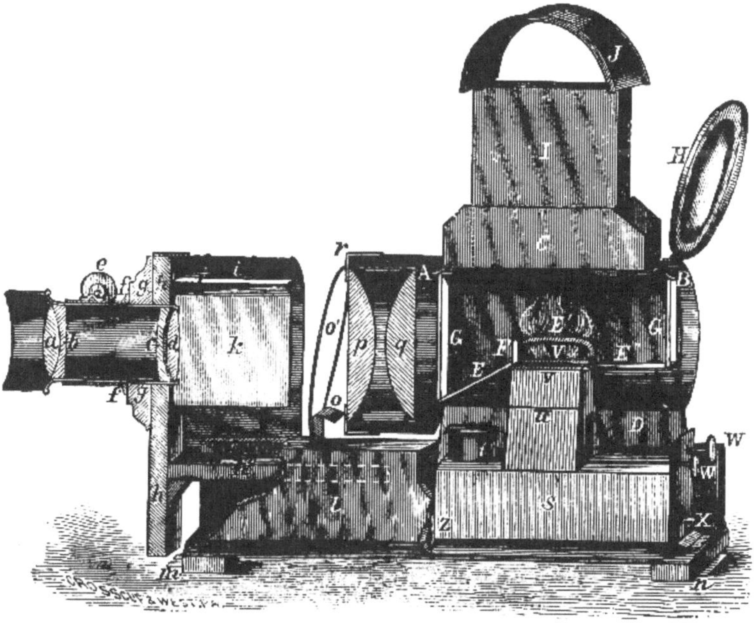

Fig. 3. Sciopticon.

Für den Amateur-Photograph, der sich seine Laternenbilder selber anfertigt, ist dieses Format unbequem, da es im Handel keine Platten von diesen Dimensionen giebt. Doch lägst sich vielfach von den Bildern etwas abschneiden oder man kann sie leicht durch Verkleinern auf dieses Format bringen. Wer seine Bilder so projiciren will, wie er sie aufgenommen hat, braucht natürlich ein Sciopticon mit entsprechend grösserem Condensor. Für Bilder vom Formate 9 × 12 muss der Condensor z. B. einen Durchmesser von 15 cm haben, wie es bei Liesegang's Projections- und Vergrösserungs-Laterne Modell B. der Fall ist.

Fig. 4. Sciopticon mit fünfdochtiger Lampe.

Auf einem besonderen verschiebbaren Gestell an der Vorderseite des Sciopticons befindet sich das **Objectiv** — in der Regel ein Doppel-Objectiv. Die Vorderlinsen desselben (a und b Fig. 3) sind verkittet, die Hinterlinsen (c und d) sind durch einen Ring getrennt. Wenn man die Linsen aus der Fassung geschraubt hat, um sie zu reinigen — was übrigens sehr wichtig ist —, so vergesse man nicht, sie nachher wieder richtig einzusetzen (so, wie die Abbildung es angiebt), sonst erhält man ein unscharfes Bild. In vielen Fällen ist es vortheilhaft, ein Objectiv von kurzer Brennweite zu verwenden, welches bei gleicher Entfernung (Apparat von Wand) ein grösseres Bild giebt, wie z. B. Liesegang's Tachyscop C 20. Dasselbe ist gleichzeitig ein vorzügliches Objectiv für Momentaufnahmen und ausserordentlich geeignet zu Aufnahmen von Laternen- wie Stereoscopbildern.

Direct vor den Condensor (bei 00', Fig. 3) wird das Bild oder vielmehr der Bildhalter eingesetzt; er wird durch Federn gehalten. An Stelle des Bildhalters kann man auch eine Glas-Cüvette einsetzen, in der sich manche interessante chemische Versuche vornehmen lassen.

Bei dem auf Seite 6 abgebildeten Sciopticon, wo der Objectivträger durch eine Schraube (unterhalb des Objectivs) bewegt wird, klemmt man den Bildhalter zwischen die Fassung des Condensors und den Objectivträger. Das Einsetzen des Bildhalters wird dadurch sehr erleichtert; ausserdem kann man bei dieser Anordnung Instrumente jeder Art in den Apparat bringen und wissenschaftliche Experimente projiciren — man braucht bloss den Objectivträger hinreichend weit vorzuschrauben. Zum Scharfstellen des Bildes ist das Objectiv mit einem Triebe versehen.

In den Körper des Sciopticons wird von der Rückseite her die Petroleumlampe, der Kalklichtbrenner oder die electrische Bogenlampe eingeschoben.

Die Sciopticonlampe

besteht zunächst aus einem flachen, rechteckigen Petroleumbehälter. Er fasst soviel Petroleum, als für ein Paar Stunden ausreichend ist. Das Petroleum wird eingegossen durch einen Hals, dessen Oeffnung sich durch eine Schraube schliessen lässt. Mitten auf dem Behälter sind nebeneinander die Dochtführungen — 3 bis 5 an der Zahl — angebracht, welche die 4 oder 5 cm breiten Dochte fassen. Die Führungen sind nach oben hin etwas gegeneinander geneigt, sodass die Flammen gegeneinander geleitet werden. Das Höher- und Tieferdrehen der Dochte geschieht mit Hülfe von Schrauben an der Rückseite der Lampe. Der Zwischenraum zwischen den Dochten ist geschlossen durch ein Blech, welches vielfach durchbohrt ist, um Luft zutreten zu lassen.

Die Flammenkammer oder der Brennerkasten wird gebildet durch einen Stahlblechcylinder; er ist unten am Petroleumbehälter mittelst eines Charniers befestigt und lässt sich nach der Seite umklappen. Vorne und hinten ist die Flammenkammer durch eine Glasscheibe geschlossen; dieselben verhindern den Luftzutritt von der Seite. Die Gläser dürfen nicht fehlen, da sonst die Flamme schwalkt. Ausserdem dient die vordere Glasscheibe zum Schutze des Condensors — um denselben nämlich vor zu starker Erhitzung und damit vor dem Zerspringen zu bewahren.

Hinter der Glasscheibe an der Rückseite befindet sich ein Reflector, der die Wirkung des Lichtes verstärken soll. In der Mitte desselben ist ein kleines Fenster mit einem gefärbten Glase angebracht, wodurch man jederzeit das Licht beobachten kann, ohne die Augen anzustrengen.

In der Flammenkammer befindet sich eine Kappe, welche über die Dochte gestülpt wird; sie hat in der Mitte eine längliche Oeffnung, durch welche die flachen Flammen herausbrennen. Die Vorrichtung hat den Zweck, die äusseren Flammen gegen die mittleren zu leiten: die Flammen, welche von unten her (aber auch bloss von dort her) in ausgiebiger Weise mit Luft gespeist werden, einzuschnüren und so die Intensität des Lichtes auf einen möglichst kleinen Raum zu vereinen.

Auf die Flammenkammer wird ein Schornstein aufgesetzt, welcher für gehörigen Luftzug sorgt; er besteht aus zwei Theilen, welche ineinander gleiten. Je weiter sie auseinander gezogen werden, umsomehr Zug hat die Flamme. Oben auf dem Schornstein befindet sich ein Deckel, welcher die Lichtstrahlen absperrt, ohne jedoch dem Luftzug Eintrag zu thun.

Die Sciopticonlampe wird von hinten her in den Apparat eingeschoben; sie hat unten, rechts und links, eine schmale Blechleiste, welche in einer entsprechenden Führung am Boden des Sciopticons läuft. Dadurch ist der Lampe genügender Halt gegeben.

Die Behandlung der Sciopticonlampe

ist zwar sehr einfach, erfordert aber immerhin einige Sorgfalt. Vor allem verwende man nur gutes **Petroleum**. Man begnüge sich nicht damit, solches im Laden zu verlangen, sondern überzeuge sich auch davon. Gereinigtes Petroleum ist durchsichtig und farblos, im reflectirten Licht hat es einen bläulichen Stich.

Beim Eingiessen achte man darauf, dass nichts überschüttet wird; man thut gut, einen Trichter zu benutzen. Nach dem Füllen wird der Deckel fest aufgeschraubt und die Lampe mit einem trockenen Lappen sorgsam rein geputzt. Falls dies unterbleibt, so darf man sich nicht wundern, wenn sich während der Vorstellung ein unangenehmer Geruch bemerkbar macht: die Lampe wird allmählich heiss, und wenn sich irgendwo etwas Petroleum angesetzt hat — sollte es auch nur sehr wenig sein —, so wird dasselbe verflüchtigt.

Die **Dochte** erfordern eine sorgsame Behandlung. Das Einsetzen der Dochte geschieht derart, dass man sie in die Führung hineinsteckt, bis sie in das Triebwerk kommen, und dann herunterdreht. Sollte einmal unvorsichtiger Weise ein Docht ganz in den Behälter gerathen, so fischt man ihn mit einem krummen Draht heraus; die Oeffnung ist hinreichend gross dazu.

Zum Beschneiden verwende man eine sehr scharfe Scheere. Man dreht den Docht so tief herunter, dass er eben noch über die Führung herausragt und schneidet alsdann den schwarzen Theil mit einem Schnitt ab, lässt aber noch einen angebrannten Rand stehen, weil sich der Docht so besser entzündet. Der Schnitt muss ganz gleichmässig sein, kein Fädchen darf stehen bleiben; sonst erhält man eine unregelmässige, gezackte Flamme. Darauf dreht man den Docht 3 bis 4 mm heraus und schrägt die beiden Ecken ab. Man achte darauf, dass die Dochtreste und abgeschnittenen Fädchen gut entfernt werden und sich nicht an den Dochten festsetzen oder in den Raum zwischen den Dochten fallen.

Neue Dochte lassen sich meist schlecht scharf schneiden. Man zündet dann den Docht an, lässt ihn eine kurze Zeit brennen, löscht aus und schneidet, wie eben beschrieben, die schwarze Partie ab. Das Schneiden geht jetzt leichter, weil die Fäden besser zusammenhalten. Ein guter Docht, gut behandelt, hält sehr lange.

Es ist auch keineswegs nöthig, ihn jedesmal vor dem Gebrauche zu beschneiden; wenn er einmal gut beschnitten ist, genügt es meist, mit einem Lappen darüber zu gehen oder mit dem Daumen die verkohlten Enden abzustreichen.

Man achte darauf, dass der Docht noch lang genug ist; nöthigenfalls ersetze man ihn rechtzeitig durch einen neuen. Nach der Vorstellung wird das Petroleum völlig abgeschüttet; die Dochte werden wieder angezündet, und man lässt sie ganz ausbrennen. Die verkohlten Enden reibt man etwas ab. Gut ist es, die Dochte dann noch herauszunehmen, zu trocknen und erst kurz vor der nächsten Vorstellung wieder einzusetzen.

Das **Anzünden** der Sciopticonlampe geschieht am besten etwa 10 Minuten vor Beginn der Vorstellung. Man klappt die Flammenkammer um, dreht die Dochte ganz niedrig und zündet sie an. Zum Anzünden bediene man sich eines Wachsstreichhölzchens oder eines Holzspahnes; die gewöhnlichen Streichhölzchen und auch brennendes Papier werfen leicht Kohle ab, die dann gerne zwischen die Dochte fällt und den Luftzutritt erschwert. Man achte stets darauf, dass der Zwischenraum zwischen den Dochtführungen sauber ist.

Man thut gut, das Anbrennen, ebenso wie das Füllen des Petroleumbehälters, in einem anderen Raume (etwa auf dem Flur) vorzunehmen. Selbst wenn die Lampe sehr sorgfältig gereinigt ist, kann noch etwas Petroleumschmutz daran sitzen; diesen lasse man sich erst draussen völlig verflüchtigen.

Nach dem Anzünden klappt man den Flammenkasten auf, setzt den Schornstein darauf und zieht ihn ganz aus. Man lässt die Flammen mehrere Minuten ganz klein brennen; mit der Zeit steigen sie von selbst etwas. Durch das Fensterchen im Reflector kann man die Flammen beobachten; ihr oberer Band sollte nahezu eine gerade Linie bilden, er darf nicht gezackt sein. Wenn die Flamme vorne (nach dem Bilde zu) höher brennt, so wird die Mitte der Flamme, welche die grösste Helligkeit besitzt, verdeckt; und da nun eine Flamme fast undurchsichtig ist, so wirft das intensive Licht der Mitte von dem vorderen Theile einen Schatten auf die Wand.

Nach Verlauf von einigen Minuten, wenn das Metall durch und durch erwärmt ist, dreht man zunächst die äusseren Flammen etwas höher, welche dann allmählich auch die mittleren in die Höhe ziehen. Nach und nach schraubt man die Dochte immer weiter heraus — so weit als es geht, ohne dass die Flammen rauchen. Die mittleren Flammen müssen alsdann etwas höher brennen als die äusseren.

Die Flammen sollen ganz weiss und gleichmässig sein; wenn sie an den Rändern roth erscheinen, so sind die Dochte zu hoch. Man muss sie dann etwas niedriger drehen, sonst giebt es Schwalk.

Man beachte: **durch Rechtsdrehen macht man die Flammen höher, durch Linksdrehen kleiner**. Wenn die Flammen richtig regulirt sind, brennen sie lange Zeit sehr gleichmässig.

Während der Vorstellung muss man von Zeit zu Zeit nach dem Licht sehen und, wenn nöthig, die Flammen reguliren. Hauptsache ist guter Luftzug, und dazu gehört, dass hinreichend frische Luft im Zimmer vorhanden ist. Wenn das (wie leider oft) nicht der Fall ist, so macht sich dieser Mangel bald recht unangenehm bemerkbar: wir bekommen mehr Rauch wie Licht. Die einzige Rettung ist: Thür oder Fenster auf, und das wirkt oft wie ein Wunder. Dem Publicum kann die frische Luft auch nichts schaden.

Niemals sollte man während der Vorstellung (etwa in einer Pause) die Flammen klein brennen lassen. Denn die Verbrennung ist alsdann sehr mangelhaft; ein Theil des Petroleums verdampft ohne zu verbrennen und verbreitet einen unerträglichen Geruch.

Nach der Vorstellung ist der Petroleumbehälter zu entleeren und die Dochte wieder anzuzünden, damit alles Petroleum, was noch darin ist, aufgebrannt wird. Die Lampe darf erst kurz vor der nächsten Vorstellung wieder mit Petroleum gefüllt werden.

Das Entleeren des Petroleumbehälters direct nach dem Gebrauche und das Ausbrennen der Dochte sollte man niemals versäumen. Wenn das Petroleum im Behälter bleibt, so saugt es sich immer weiter die Dochte hinauf, verdunstet oben und breitet sich nebelartig über das ganze Instrument aus. So wird die ganze Lampe mit einer dünnen Petroleumschicht belegt, die sich noch mit Staub vermischt und sich bei der nächsten Vorstellung, sobald die Lampe erhitzt ist, verflüchtigt und einen widerwärtigen Geruch verbreitet.

Daher lasse man niemals Petroleum in der Lampe und in den Dochten, wenn der Apparat nicht in Gebrauch ist. Auch sollte die Lampe wie das Sciopticon stets, ehe es weggestellt wird, gut gereinigt werden. Es ist eine kleine Mühe, die sich aber reichlich lohnt.

Das Kalklicht

ist für Projectionszwecke das schönste Licht. Es ist ausserordentlich hell und weiss, sehr ruhig und einfach zu handhaben.

Kalklicht wird erzeugt, indem man ein Gemisch von Sauerstoffgas mit Wasserstoff- oder gewöhnlichem Leuchtgas oder Alcoholdämpfen unter Druck auf ein Stück gebrannten Kalk leitet und entzündet; dadurch wird das Kalkstück zu intensiver Weissgluth gebracht.

Bei Verwendung dieser Lichtquelle handelt es sich zunächst um die

Bereitung des Sauerstoffgases.

Zwar kann man verdichteten Sauerstoff in Stahlcylindern im Handel bekommen, aber doch nur an sehr wenigen Orten; und selbst wenn man ihn direct beziehen kann, wird man noch leicht in die Lage kommen, sich den Sauerstoff selbst herstellen zu müssen. Dabei macht die Selbstbereitung viel weniger Umstände. Von der Gefahr, welche mit der Benutzung des comprimirten Sauerstoffes verbunden ist, wollen wir gar nicht sprechen.

Man erhält Sauerstoffgas, wenn man eine Mischung von 4 Theilen chlorsaurem Kali mit 1 Theil Braunstein in einer Retorte erhitzt. Eine solche Retorte ist in Figur 5 abgebildet. Sie muss mit einem Sicherheitsventil versehen sein; hier dient dabei als solches ein Kork, der nicht zu fest in eine Oeffnung eingesetzt wird.

Practischer und völlig gefahrlos ist die Sicherheitsretorte oder der Sauerstoffgenerator, der in Figur 6 dargestellt ist. Diese Retorte besteht aus einer flachen eisernen Glocke, welche auf einer Platte liegt und gasdicht darauf abgeschliffen ist; durch einen Bügel wird die Glocke auf die Platte festgepresst. Der Bügel, welcher seinerseits durch zwei Spiralfedern niedergehalten wird, ist unten drehbar befestigt; man öffnet die Retorte, indem man den Bügel mittelst der hölzernen Handhabe etwas anhebt, vorne überzieht und dann die Glocke abhebt. Das Schliessen geschieht umgekehrt.

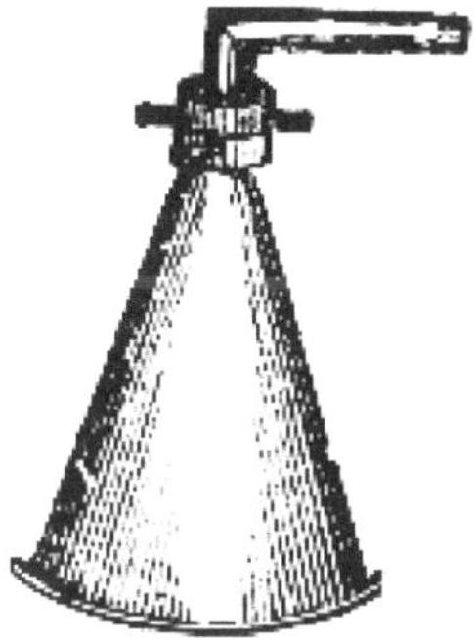

Fig. 5. Retorte.

Unter die Glocke wird ein Braunsteinkuchen gelegt und von unten her durch den Bunsenbrenner oder eine Spiritusflamme im Träger des Generators erhitzt. Nach einigen Minuten beginnt sich Sauerstoffgas zu entwickeln, welches durch das Rohr oben an der Glocke in den Gasbehälter (Gassack oder Gasometer) abgeleitet wird.

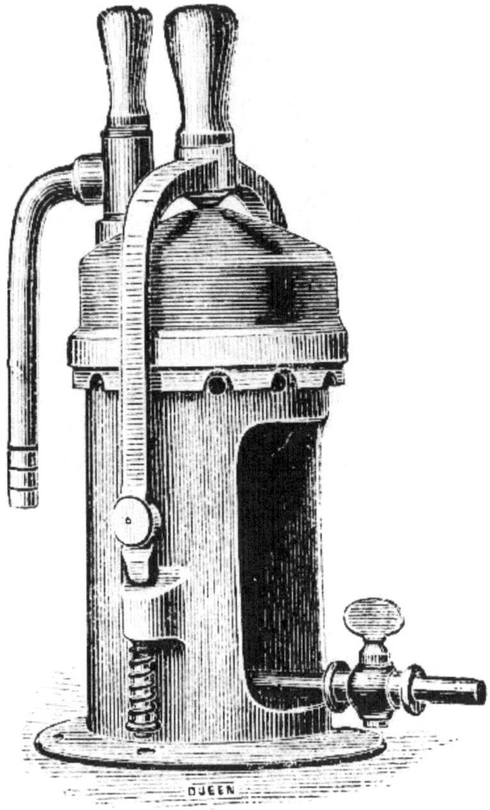

Fig. 6. Sicherheits-Retorte.

Sollte einmal in der Ableitung eine Stockung eintreten, der Gasdruck in der Retorte also steigen, so geben die beiden Spiralfedern gleich nach, die Glocke mit dem Bügel hebt sich und das Gas entweicht. Sobald die Stockung in der Leitung beseitigt ist, senkt sich die Glocke und die Entwicklung geht ruhig weiter. Eine Explosionsgefahr ist also völlig ausgeschlossen. Man kann die Retorte übrigens leicht auf ihre Sicherheit prüfen, indem man den Schlauch, welcher das Gas ableitet, zusammendrückt.

Die **Braunsteinkuchen** werden hergestellt aus einem Gemisch von 4 Theilen chlorsaurem Kali und 1 Theil Braunstein; es wird soviel Wasser zugesetzt, dass die Masse feucht, nicht nass wird. Nachdem alles gut gemischt ist, drückt man den Teig in eine Eisenform (welche jedem Apparate zugeliefert wird), streicht das Ueberstehende ab, dreht die Form um und lässt den Kuchen herausfallen.

Das Trocknen der Kuchen geschieht bei gelinder Wärme oder an der Luft. Nach dem Trocknen werden sie mit der unteren Seite in ein teigförmiges Gemisch von Wasser und Braunstein eingetaucht und nochmals getrocknet. Dies bewirkt, dass die Kuchen beim Gasentwickeln nicht an der unteren Metallplatte festbacken.

Die trockenen Kuchen sind reinlich in der Handhabung und hart wie Kohlen. Wenn sie zur Gasentwicklung gebraucht sind und aus der Retorte genommen werden, haben sie noch ihre frühere Form; sie sind nur angeschwollen.

Zur Herstellung der Kuchen darf nur **reiner Braunstein** benutzt werden. Er darf keine Verunreinigung organischer Natur (z. B. Kohle) enthalten. Wer die Selbstbereitung der Kuchen scheut, kann sie im Handel bekommen.

Der entwickelte Sauerstoff wird in einen Gasbehälter geleitet. Dazu dient ein Gassack oder ein Gasometer.

Die Gassäcke

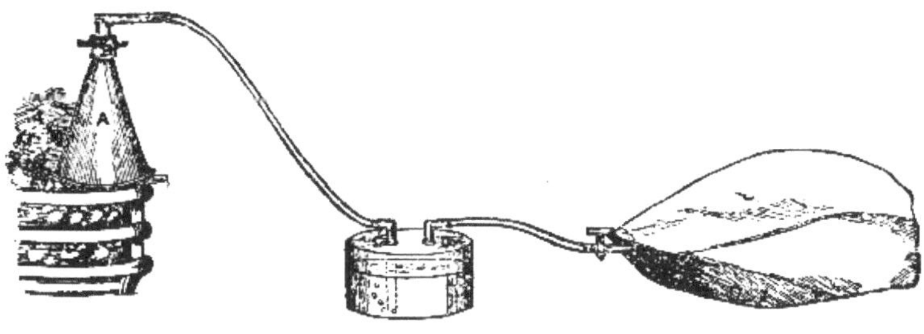

Fig. 7. Die Bereitung des Sauerstoffgases.

sind aus dreifachem Kautschuktuch gefertigt. Sie müssen vor allem dicht sein und soviel Gas aufnehmen, als für eine Vorstellung ausreicht. Bevor der Sauerstoff in den Gassack geleitet wird, muss er gekühlt und gewaschen werden. Bei Benutzung eines Gasometers ist ein Waschgefäss überflüssig, da hier das Gas sowieso durch Wasser geführt wird. In Figur 7 ist die Anordnung der verschiedenen Apparate dargestellt. A ist die Retorte, B der Deckel. An Stelle derselben kann natürlich auch die Sicherheitsretorte verwandt werden. Ein weiter Kautschukschlauch leitet den Sauerstoff in das längere Rohr (C) des Waschgefässes, welches etwa zur Hälfte mit Wasser gefüllt ist. Durch das kürzere Rohr (D) gelangt das Gas weiter durch Vermittlung eines Kautschukschlauches in den Sack (E). Wenn der Sack hinreichend mit Sauerstoff gefüllt ist, wird der Hahn abgesperrt und bei der

Vorstellung wird der Kalklichtbrenner aus dem Sacke, der alsdann mit einem Gewichte beschwert wird, gespeist.

Die Füllung des Sackes nimmt eine ziemliche Zeit in Anspruch. Vortheilhafter ist es, wenn man

das Gasometer

verwendet. In allen Fällen lässt sich dasselbe, wie wir später sehen werden, nicht benutzen. Hier kann die Gasentwicklung während der ganzen Vorstellung ohne Störung fortgesetzt werden, und es genügt, wenn man 15 bis 20 Minuten vor der Vorstellung mit der Gasentwicklung beginnt.

Das Gasometer ist aus verzinktem Eisenblech construirt. Es besteht im Wesentlichen aus einem Behälter, dessen unterer Theil mit Wasser gefüllt wird, und einer Glocke. Der Sauerstoff wird unten in das Wasser geleitet, steigt auf und sammelt sich unter der Glocke, die dadurch gehoben wird.

Damit nicht zu viel Wasser nothwendig ist, ist das Gasometer mit einer cylinderförmigen »Seele« versehen, welche etwa bis zur Mitte der Höhe des Behälters reicht. Der Raum, der dadurch gewonnen wird und der im übrigen stets trocken bleibt, kann sehr gut zum Verpacken von Laternen oder Apparatstücken benutzt werden; unten ist er durch einen Deckel geschlossen.

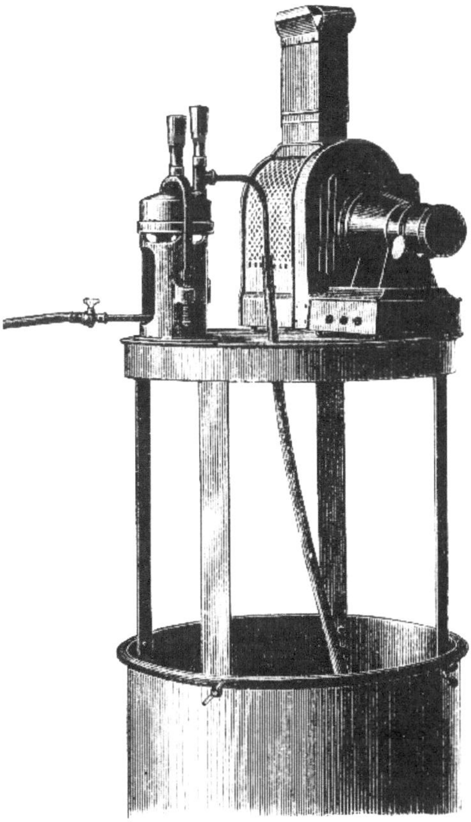

Fig. 8. Generator, Gasometer und Sciopticon.

Der cylinderförmige Mantel der Glocke ist nach oben hin fortgesetzt und bildet hier einen Kasten, der zur Aufnahme des Gewichtes bestimmt ist, um das Gas unter Druck zu bringen; er kann ebenfalls zum Verpacken von allerhand Gegenständen verwandt werden. Der obere Deckel des Gasometers ist mit vier Stangen versehen und bildet mit diesen eine Art Tisch. Die Stangen sind unten durch einen Ring verbunden. Wenn der Apparat aufgestellt ist, ragt dieses Tischchen oben heraus; der untere Ring ist dann mit vier Flügelschrauben an der Wandung des Behälters befestigt (vgl. Fig. 8). Ist der Apparat verpackt, so liegt der Deckel fest auf dem Behälter und die Stangen ruhen zwischen den Wandungen des Behälters und der Glocke.

Zum Gebrauche nimmt man zunächst den oberen Deckel sowie die Glocke heraus und füllt den unteren Theil des Behälters mit Wasser bis etwa 3 cm unter den Boden der »Seele«. Man braucht dazu bloss einen Eimer voll Wasser. Dann setzt man die Glocke ein und lässt sie ganz herunter sinken;

dazu muss der Hahn an der einen Röhre offen sein. Das Einfüllen von Wasser kann auch durch eine Oeffnung in dem Kasten geschehen. Das obere Gestell (Tischchen) wird angeschraubt, der Sauerstoffgenerator daraufgesetzt, von unten her mit drei Schrauben befestigt und alsdann durch einen Gummischlauch mit dem Rohre (ohne Hahn) innerhalb des Kastens verbunden, welches bis unten in das Wasser hinunterreicht.

In den Kasten legt man ein Gewicht von 15 bis 25 kg; unter Umständen noch mehr, wenn man einen grösseren Druck haben will. Wir benutzen zur Belastung meist zwei Ziegelsteine, welche zusammen etwa 17 kg wiegen.

Nun wird ein Braunsteinkuchen in die Retorte gelegt und der Brenner darunter angezündet. Nach Verlauf von mehreren Minuten hört man es im Gasometer quattern: es entwickelt sich Sauerstoffgas. Der innere Blechkasten hebt sich.

Nach 5 Minuten ist die Gasentwicklung meist beendigt; es wird alsdann ein neuer Kuchen aufgelegt; nun geht die Entwicklung viel schneller vor sich. Vor Beginn der Vorstellung entwickelt man so viel Gas, bis der innere Blechkasten etwa noch eine Hand breit von der Platte des oberen Gestelles absteht; dazu sind zwei oder höchstens drei Kuchen erforderlich. Wenn der Gasbehälter soweit mit Sauerstoff gefüllt ist, löscht man die Flamme im Generator aus und legt einen neuen Kuchen ein.

Bei Beginn der Vorstellung zündet man den Brenner unter der Retorte wieder an und lässt die Flamme klein brennen, sodass sich das Gas nur langsam entwickelt und das verbrauchte Gas ersetzt. Man kann auf diese Weise immerzu auf jede beliebige Zeit während der Vorstellung Sauerstoff erzeugen.

Zur Ableitung des Sauerstoffes aus dem Gasometer befindet sich in dem inneren Blechkasten ein zweites Rohr mit Hahn, welches mit dem Kalklichtbrenner durch einen Schlauch verbunden wird.

Das Gasometer kann gleichzeitig als Ständer für das Sciopticon verwendet werden (vgl. Fig. 8); es ist aufgestellt 1,20 Meter hoch.

Ausser Sauerstoff ist zur Erzeugung des Kalklichtes ein brennbares Gas erforderlich. Am bequemsten ist die Verwendung von **Leuchtgas**. Es wird einfach das Rohr der Gasleitung mit dem Brenner durch einen Schlauch verbunden oder, wenn man einen bestimmten Druck erhalten will, das Leuchtgas in einen Gassack geleitet und nachher von hier in den Brenner geführt.

Nicht jeder ist in der glücklichen Lage, Leuchtgas durch die Rohrleitung zur Verfügung zu haben. Man ist dann genöthigt, an Stelle desselben

Wasserstoffgas, welches im übrigen ein noch helleres Licht giebt, oder Alkoholdämpfe zu benutzen. Den Wasserstoff kann man in Stahlcylindern bekommen; es gilt davon dasselbe, was über die Cylinder mit verdichtetem Sauerstoff gesagt wurde. Meist wird man ihn selber herstellen.

Die Bereitung des Wasserstoffes

geschieht auf kaltem Wege durch Zersetzung von Wasser, indem diesem Schwefelsäure und metallisches Zink zugesetzt wird. Ein praktischer Apparat, der hierzu verwendet werden kann, ist in Figur 9 abgebildet. Dieser ganz aus Kupferblech gefertigte Wasserstoff-Generator besteht aus einem äusseren Behälter C mit zwei Handhaben B und einem inneren Cylinder A, welcher sich mittelst zweier Haken I und H in C auf- und niederheben lässt. Wenn der Cylinder gehoben ist, lässt er sich, wie die Abbildung es zeigt, auf zwei Stangen E und F feststellen. In den Behälter C wird Wasser gegossen, welches mit Schwefelsäure angesäuert ist, in den Cylinder A bringt man Zinktafeln oder Abfälle, die dann auf dem durchlöcherten Boden T ruhen. Soll der Apparat in Wirksamkeit treten, so lässt man den inneren Cylinder herunter; es entwickelt sich alsbald Wasserstoff, der durch ein Bleirohr S abgeleitet wird. D ist eine Waschflasche.

Der Apparat wird direct mit dem Brenner durch einen Schlauch in Verbindung gesetzt; er dient also gleichzeitig als Gasometer. Nöthigenfalls kann man natürlich auch den Wasserstoff in einen Gassack leiten, und aus diesem den Brenner speisen. In diesem Falle lässt sich auch eine Bleiretorte benutzen.

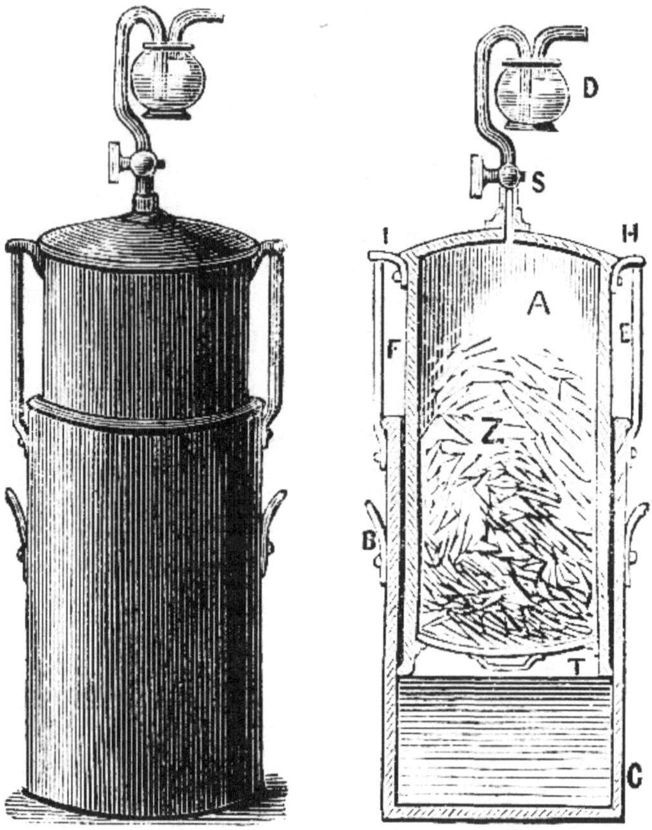

Fig. 9. Wasserstoff-Generator mit Waschflasche.

Ueber die Verwendung von **Alkoholdämpfen** in Verbindung mit Sauerstoff zur Erzeugung des Kalklichtes werden wir später zu sprechen kommen.

Der Kalklichtbrenner.

Die beiden Gase, Sauerstoff und Leuchtgas oder Wasserstoff werden in den Kalklichtbrenner geleitet und dort entzündet; die intensive Flamme bringt das Kalkstück in Weissgluth.

Das Gemisch des Sauerstoffes mit Wasserstoff oder Leuchtgas ist sehr explosiv; am sichersten ist es daher, wenn die Gase erst im letzten Augenblicke — also in der Flamme — gemischt werden.

Anderer[P2:probably missing hyphen to join with "seits"] seits bekommt man ein mehr als doppelt so helles Licht, wenn die Gase vorher gemischt werden.

Dementsprechend giebt es zwei verschiedene Arten von Kalklichtbrennern: Sicherheitsbrenner und Brenner für gemischte Gase.

Bei dem **Brenner für gemischte Gase** werden die Gase vor dem Austritt gemischt. Die Helligkeit des Lichtes ist hier, wie eben gesagt, bedeutend grösser: die Sicherheit hingegen ist eine geringere: unter Umständen kann ein Zurückschlagen der Flamme vorkommen — allerdings auch nur dann, wenn man unvorsichtig ist und die Sicherheitmassregeln nicht berücksichtigt. Bei diesem Brenner müssen beide Gase unter genau gleichem Druck stehen, und dies lässt sich nur erreichen, wenn man zwei Gassäcke verwendet.

Bei dem **Sicherheitsbrenner** werden beide Gase in getrennter Rohrleitung bis in die Flamme geführt. Hier ist ein Zurückschlagen ausgeschlossen. Es können sowohl Gassäcke wie Gasometer benutzt werden; letzteres ist natürlich bequemer. Leuchtgas wird direct aus der Rohrleitung entnommen.

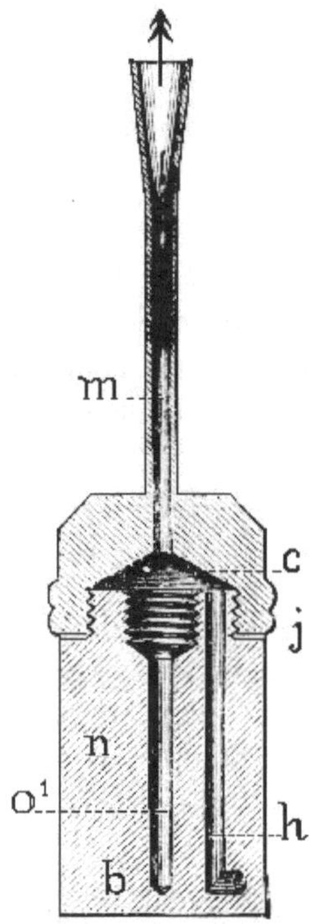

Fig. 10. Brenner für gemischte Gase.

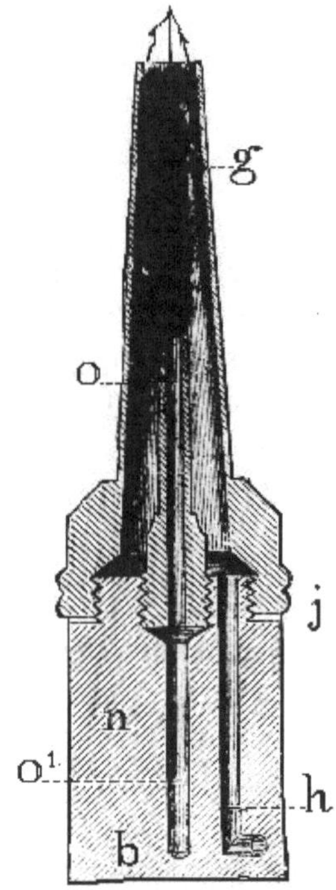

Fig. 11. Sicherheitsbrenner.

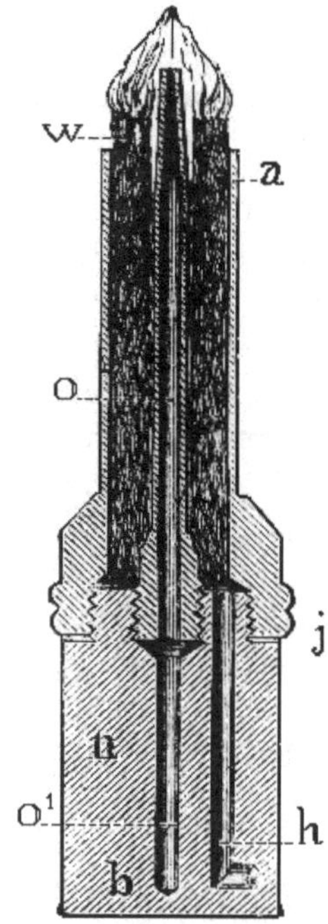

Fig. 12. Brenner für Alkohol-Sauerstoff.

Ein dritter Brenner kommt zur Verwendung bei Alkohol-Sauerstoff; es ist ebenfalls eine Art Sicherheitsbrenner. Der Alcohol wird in einen Docht geleitet, der aus dünnen Eisendrähten besteht und der stark erhitzt wird, und wird hier in Dampf verwandelt. In die Flamme tritt der Sauerstoff ein.

Die drei verschiedenen Brenner sind in den Figuren 10, 11 und 12 abgebildet. Das untere Stück (nb), ein massiver Messing-Cylinder, ist bei allen Brennern dasselbe. In diesen Cylinder sind zwei Löcher gebohrt; das eine (o^1) für den Sauerstoff, das andere (h) für das Leuchtgas, den Wasserstoff oder Alkohol.

Bei dem Brenner für gemischte Gase (Fig. 10) ist auf den unteren Cylinder ein Aufsatz aufgeschraubt, der sich oben zu einem schmalen Rohre verengt. Die Gase mischen sich hier in der Kammer c und treten vereint durch m aus.

Die beiden andern Brenner haben je zwei Aufsätze; bei beiden wird zunächst auf die Oeffnung von o^1 ein Rohr o aufgeschraubt, welches den Sauerstoff bis in die Flamme leitet. Der Sicherheitsbrenner hat des weiteren einen nach oben sich verengenden Aufsatz (jg), der das Leuchtgas oder den Wasserstoff nach oben führt (Fig. 11).

Bei dem Brenner für Alkohol-Sauerstoff tritt an Stelle des Aufsatzes (jg) ein hohler Cylinder (ja), der einen Docht (w) aus feinen Eisendrähten enthält (Fig. 12).

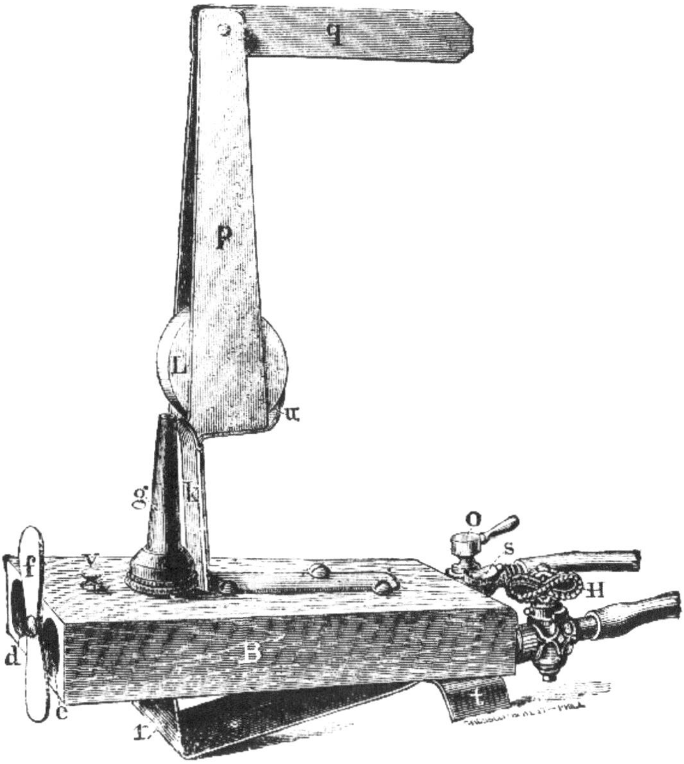

Fig. 13. Kalklichtbrenner.

Ein praktischer **Kalklichtbrenner**, bei welchem jeder der drei Aufsätze zur Verwendung kommen kann, ist in Fig. 13 dargestellt; derselbe passt in jedes Sciopticon. Die verschiedenen Theile sind enthalten in und an einem Holzstück B. An den beiden Zuleitungsrohren befinden sich die Hähne O für den Sauerstoff und H für das brennbare Gas. Die Hähne werden meist von verschiedener Form und ausserdem der eine blank, der andere schwarz gemacht, damit sie nicht verwechselt werden. Die Zuleitungsrohre führen zu dem Brenneraufsatz (g) — in der Abbildung der Sicherheitsbrenner — welcher durch einen der beiden andern ersetzt werden kann. Die zwei nicht gebrauchten Aufsätze liegen in den Oeffnungen d und e im Holzstück; diese Oeffnungen werden verschlossen durch eine drehbare Messingscheibe f.

Hinter dem Brenner g befindet sich ein Messingwinkel k, der sich auf dem Holzstück nach vorn und hinten verschieben lässt und den Kalkhalter p trägt. L ist die Kalkscheibe; sie ist eingeklemmt zwischen die beiden Blechstücke. V ist der Kopf eines kleinen scharfen Instrumentes, welches zum Reinigen der Ausflussröhre des Sauerstoffes gebraucht wird. Das Heben und Senken des Brenners geschieht mit Hülfe einer Schraube S, welche auf ein gebogenes Metallblech r wirkt.

Die Kalkcylinder.

Die Flamme der Gase wird gegen eine Kalkscheibe gerichtet. Man verwendet hierzu gewöhnlichen gebrannten Kalk, Wiener Kalk oder künstlich hergestellte Cylinder.

Diese Kalkstücke haben die Eigenschaft, Feuchtigkeit aus der Luft anzuziehen und dann allmälig zu zerbröckeln. Um dies zu verhindern, muss man die Scheiben gut in Staniol einwickeln und in Blechbüchsen verpacken.

Gute künstlich hergestellte Kalkcylinder halten sich auch unverpackt sehr lange.

Sehr wichtig ist es, die Kalkscheiben erst langsam zu erwärmen, also die Leuchtgas- (Wasserstoff- oder Alcohol-) Flamme einige Minuten allein klein brennen zu lassen, damit die Feuchtigkeit langsam ausgetrieben wird und der Kalk trocknet. Würde man von vornherein Sauerstoff zugeben und die intensive Flamme gegen den Cylinder richten, so würde das im Kalk enthaltene Wasser plötzlich in Dampf verwandelt und die Scheibe in Stücke gesprengt werden. Auch ist es gut, während des Erwärmens den Cylinder zu drehen.

Wenn die Flamme eine Zeit lang auf den Kalk eingewirkt hat, nimmt die Leuchtkraft desselben ab; man dreht ihn dann etwas. Auf diese Weise hält ein gutes Kalkstück mehrere Stunden aus.

Der Kalkhalter.

Die abgenutzten Stellen des Cylinders sind stets bröckelig; das Drehen derselben muss daher vorsichtig geschehen. Bei dem in Fig. 13 abgebildeten Kalkhalter, dem sog. Storchschnabel, ist dies nicht möglich. Ich habe einen neuen Halter construirt, in welchem der Kalk von beiden Seiten gut gefasst wird. Das Drehen geschieht von hinten her sehr bequem mit Hülfe einer Zahnradübertragung. Von einem $^3/_4$ Jahre alten künstlichen Cylinder, welcher des Versuches halber nicht verpackt aufbewahrt wurde, war nach Verlauf von zwei Stunden, die er in der Flamme gestanden hatte, noch nichts heruntergebröckelt; ausserdem war er erst zu Dreiviertel abgenutzt.

Die Handhabung des Kalklichtes.

Der Brenner für gemischte Gase erfordert die Anwendung von zwei Gassäcken, welche vor der Vorstellung gefüllt werden. Es ist ja darauf zu achten, dass die beiden Gassäcke stets unter gleichem Druck sind; denn sonst kann es vorkommen, dass der Inhalt des mehr beschwerten Sacks sich in den andern ergiesst, wodurch sich eine gefährliche explosive Gasmischung bilden würde. Einen ziemlich gleichmässigen Druck erhält man, wenn man die beiden Säcke aufeinander zwischen zwei Bretter legt und beschwert. In die beiden Gasleitungen schaltet man eine Sicherheitsvorrichtung ein, welche ein Zurückschlagen verhindert.

Das Reguliren der Hähne muss hier viel exacter geschehen als beim Sicherheitsbrenner, und erfordert einige Uebung.

Anfänger sollten nicht mit gemischten Gasen arbeiten, sondern sich des Sicherheitsbrenners bedienen.

Der Sicherheitsbrenner giebt zwar ein geringeres Licht, aber es ist noch immer sehr intensiv und für die meisten Zwecke ausreichend. Die Handhabung ist gefahrlos, sehr einfach und bequem, besonders dadurch, dass man keine Gassäcke braucht.

In den meisten Fällen wohl wird Leuchtgas verwendet werden. Wer es nicht zur Verfügung hat, kann den Wasserstoff-Generator mit Gasometer benutzen; derselbe wird direkt mit dem Brenner verbunden, und es ist hier also auch kein Sack erforderlich — oder er verwendet den Brenner für Alkohol-Sauerstoff.

Der Sauerstoff wird in der oben beschriebenen Weise mittelst der Sicherheitsretorte entwickelt und im Gasometer gesammelt. Vor der Vorstellung wird der Gasbehälter mit Sauerstoff gefüllt. Diese ganze Vorbereitung nimmt etwa 15 bis 20 Minuten in Anspruch.

Der Sauerstoffkrahnen des Kalklichtbrenners wird mit dem Ableitungsrohre des Gasbehälters (welches mit einem Hahn versehen ist) durch einen Schlauch verbunden; desgleichen der andere, links befindliche Krahnen des Brenners mit der Gasrohrleitung oder dem Wasserstoffgenerator. Man überzeugt sich, dass die Schlauchverbindungen gut und die Hähne am Brenner geschlossen sind, und öffnet nur den Hahn im Gasbehälter sowie den Hahn am Leuchtgasrohre vollständig. Diese Hähne bleiben offen. Nun öffnet man den Hahn für Leuchtgas links am Kalklichtbrenner, zündet den Brenner an und dreht die Flamme klein.

Indess ist ein Kalkcylinder eingesetzt und dieser wird nun in der Flamme langsam erwärmt. Man schiebt den Brenner in die Laterne, um das Metall derselben und besonders den Condensor allmälig zu erwärmen.

Nach einiger Zeit dreht man die Flamme etwas höher und lässt nach und nach Sauerstoff zu. Alsbald beginnt der Kalk zu glühen.

In die Retorte ist ein frischer Kuchen eingelegt; die Flamme darunter lässt man klein brennen. Ist dieser Kuchen aufgebraucht, so wird er wieder durch einen neuen ersetzt und zwar so lange, als man noch Sauerstoff entwickeln will.

Das Licht ist nach kurzer Zeit vollständig ruhig und regelmässig. Um die grösste Helligkeit zu erhalten, ist etwas Uebung erforderlich. Man öffnet zunächst beide Krahnen vollständig und schliesst dann allmälig den Leuchtgas- (resp. Wasserstoff-) Krahnen und beobachtet dabei, ob das Licht heller wird. Ebenso versucht man, ob man etwas Sauerstoff absperren kann.

Wenn die Hähne richtig regulirt sind, brennt die Flamme vollständig geräuschlos, und der Kalk giebt an der getroffenen Stelle ein kräftiges, weisses Licht.

Nun wird der Brenner in der Laterne solange hin- und hergeschoben, auf- und niedergedreht, bis man auf der Wand ein gleichmässig beleuchtetes Bildfeld erhält.

Wenn so weit alles fertig ist, wird die Vorstellung glatt und ohne Unterbrechung vor sich gehen; man braucht nur von Zeit zu Zeit nach dem Lichte zu sehen und, wenn nöthig, den Kalkcylinder etwas zu drehen, sowie gelegentlich einen neuen Kuchen in die Retorte zu legen.

Nach der Vorstellung wird **zuerst der Sauerstoffhahn** zugedreht und dann der andere.

Bei der Benutzung von Leuchtgas ist zuweilen ein Reguliren des Leuchtgaskrahnen am Brenner nothwendig, indem sich der Druck in der Gasleitung ändert. Diese Druckveränderung macht sich besonders bemerkbar, wenn die Rohrleitung eng ist und in der Nähe mehrere Gasflammen angezündet oder ausgedreht werden.

Der Brenner für Alkohol-Sauerstoff erfordert einige Uebung in der Handhabung. Der Sauerstoff wird in der bekannten Weise dem Gasometer entnommen; der Alkohol befindet sich in einem Behälter, welcher mit einer verschliessbaren Oeffnung zum Füllen sowie mit einem Krahnen zur Ableitung versehen ist.

Dieser Behälter wird durch einen kurzen Schlauch mit dem Wasserstoff-Krahnen des Brenners in Verbindung gesetzt und neben der Laterne so aufgestellt, dass die obere Fläche mit der Brennerspitze etwa in gleicher Höhe steht — nicht höher.

Man öffnet den Hahn am Alkoholgefäss sowie den entsprechenden am Kalklichtbrenner; beide werden ganz aufgedreht. Vorsichtig hebt man den Alkoholbehälter etwas auf, bis der Alkohol bis an die Spitze des Drahtdochtes dringt; dann lässt man ihn wieder herunter. Nun wird angezündet.

Man lässt die Flamme längere Zeit brennen, damit sich der Docht erhitzt. — Inzwischen entwickelt man Sauerstoff.

Wenn das Gasometer mit Sauerstoff gefüllt ist, lässt man etwas Sauerstoff in die Flamme treten; allmälig mehr. Wenn es im Brenner quattert, so kocht der Alcohol; das dauert kurze Zeit — bald verwandelt er sich in Dampf und man erhält ein ruhiges Licht.

Man regulirt mit den beiden Hähnen am Kalklichtbrenner, bis man das beste Licht erhält. Mit der Zeit kann man, wenn es nöthig erscheint, das Alcoholgefäss etwas höher stellen, um den Druck zu erhöhen.

Sollte einmal etwas Alkohol überlaufen, so lasse man ruhig abbrennen; es ist keine Gefahr dabei.

Man achte darauf, dass das Sauerstoffrohr mehrere Millimeter über den Doch hinausragt (vgl. Fig. 12).

An Stelle des Drahtdochtes kann man auch einen gewöhnlichen breiten Baumwolldocht verwenden. Man nimmt dann aus dem Aufsatz die innere Hülse, den Boden sowie die Drähte heraus, schraubt den Aufsatz auf und setzt den Docht zwischen Hülse und Sauerstoffrohr. Man erhält hier ein etwas schwächeres Licht; aber die Regulirung ist bequemer. Nur achte man darauf, dass der Alcoholbehälter nicht höher steht, als die Spitze des Brenners.

Man verwende nur reinen Alkohol.

Beim Arbeiten mit Kalklicht beachte man Folgendes:

Stets zuerst das Leuchtgas (Wasserstoffgas) anzünden und dann erst Sauerstoff zulassen; will man auslöschen, zuerst den Sauerstoffhahn schliessen.

Die Ausflussöffnung des Sauerstoffrohres muss quer stehen.

Wird beim Zulassen des Sauerstoffes die Flamme ausgeblasen, so hat man den Sauerstoffhahn zu schnell geöffnet.

Wenn die Flamme zischt, so ist die Zufuhr der Gase nicht richtig regulirt — oder die Oeffnung des Sauerstoffrohres ist nicht rein.

Flackert die Flamme, so kann das davon herrühren, dass zuviel Wasser im Gasometer oder das Gewicht auf dein Behälter zu schwer ist: es hat sich dann Wasser in den Ableitungskrahnen des Gasbehälters gesetzt.

Stets halte man ein oder lieber mehrere Kalkstücke bereit für den Fall, dass eines zerspringen sollte; am besten in einem Storchschnabel, den man sofort an Stelle des Kalkhalters einsetzen kann.

Man denke daran, den Kalkhalter rechtzeitig zu drehen. Wenn man die Flamme zu lange einwirken lässt, so frisst sie ein Loch hinein und kann hierdurch gegen den Condensor abgelenkt werden.

Den Condensor schütze man durch eine Glimmerplatte. Es kann lange ohne eine solche gut gehen; aber man lasse sich dadurch nicht in Sicherheit wiegen: der Krach ist schneller da, als man denkt.

Nach jeder Vorstellung reibe man den Sauerstoffgenerator mit einem fettigen Lappen ab, damit er nicht rostet. Hat man dies versäumt, so besorge man es jedenfalls vor dem nächsten Gebrauch.

Electrisches Licht.

Heutzutage, wo fast jede grössere Stadt und auch viele kleinere Städte eine electrische Anlage haben, liegt es für manchen sehr nahe, das electrische Licht zu Projectionszwecken zu benutzen; besonders wenn er in seinem Hause electrischen Strom zur Verfügung hat. Man verwendet in der Laterne das electrische Bogenlicht. Die speciell hierfür construirten Lampen passen in jedes Sciopticon und sind für Gleichstrom wie für Wechselstrom zu gebrauchen. Die Regulirung der Lampen geschieht sehr einfach mit der Hand; es hat sich dies im Allgemeinen als praktischer herausgestellt, als die automatische Regulation.

Eine derartige Lampe für Hand-Regulation ist in den Figuren 14 und 15 dargestellt.

Die erste Abbildung zeigt die Lampe, wie sie bei Benutzung von Gleichstrom zur Verwendung kommt.

Bei Gleichstrom brennt die positive (hier die obere) Kohle doppelt so schnell ab als die negative (untere). Damit nun die Abnutzung eine gleichmässige wird und die Regulation sich vereinfacht, wählt man die obere Kohle doppelt so dick als die untere.

In der oberen Kohle bildet sich gegenüber der Spitze der unteren Kohle eine Höhlung. Von diesem Krater geht die grösste Lichtintensität aus. Wie aus der Figur zu ersehen, bringt man die untere Kohle etwas weiter nach vorn an und stellt den Apparat schräg. Dadurch wird erreicht, dass der Krater an der Vorderseite entsteht und sein ganzes Licht auf den Condensor wirft.

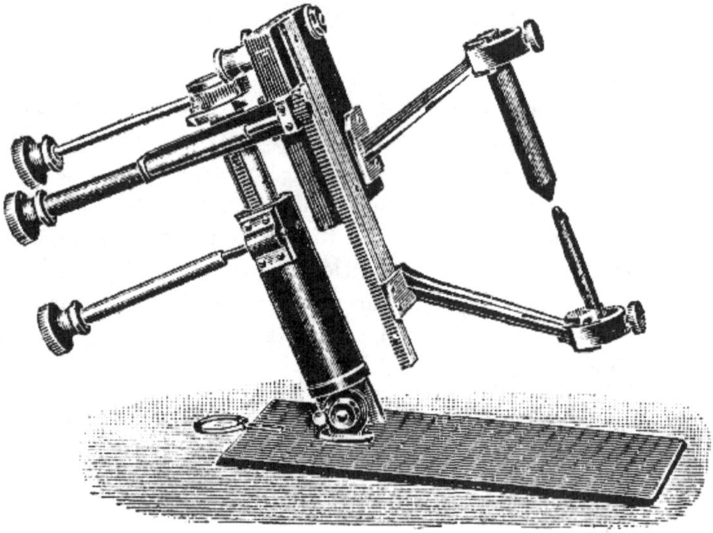

Fig. 14. Electrische Lampe (Stellung für Gleichstrom).

Bei Verwendung von Wechselstrom werden unten und oben gleiche Kohlen eingesetzt; der Apparat wird aufrecht gestellt (Fig. 15). Hier wird nach allen Seiten Licht ausgestrahlt; und es fällt daher verhältnissmässig nur ein geringer Theil auf den Condensor. Alles Uebrige geht verloren.

Am Fusse der Säule befindet sich ein Stift, welcher das Instrument in der einen oder anderen Stellung fixirt.

Die Kohlen werden gehalten in einem Winkel mittelst Klammer und Schraube. Bei Gleichstrom wird für die untere kleine Kohle noch ein Einsatz im Halter angebracht.

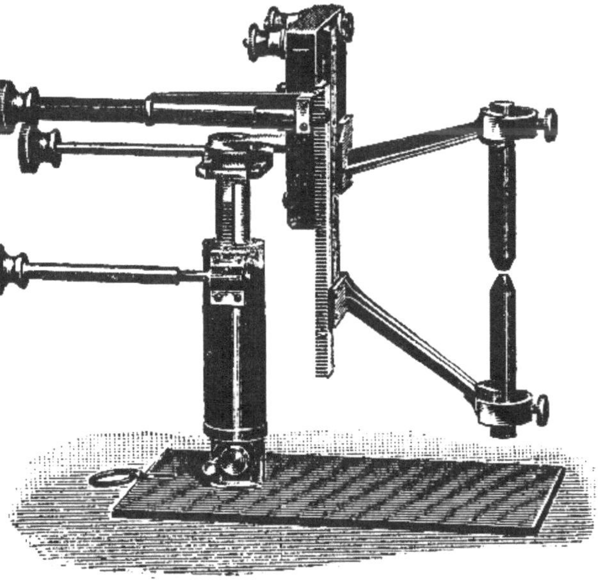

Fig. 15. Electrische Lampe (Stellung für Wechselstrom).

Die Regulirung geschieht mit Hülfe der drei Schrauben an der Rückseite. Zunächst muss man den Lichtpunkt mit der Mitte des Condensors in gleiche Höhe bringen. Dazu dient die unterste Schraube. Mit der zweiten (mittleren) Schraube dreht man das Instrument seitlich in die richtige Stellung. Der Abstand der Kohlen wird mit der obersten Schraube regulirt.

Zunächst werden die Kohlen aneinander gebracht, der Strom dadurch geschlossen, dann die Kohlen auseinander gedreht, 3 bis 4 mm weit. Diesen Abstand müssen die Kohlen halten. Alle zwei bis drei Minuten ist eine kleine Regulation erforderlich. Der Lichtpunkt bleibt dabei an der richtigen Stelle — in der Höhe der Condensormitte. Sollte sich nach einiger Zeit der Lichtpunkt einmal gehoben oder gesenkt haben, so genügt eine geringe Drehung an der unteren Schraube, um es wieder in Ordnung zu bringen.

Die Arbeit — wenn überhaupt von Arbeit die Rede sein kann — ist nicht grösser als das zeitweilige Drehen des Kalkcylinders beim Kalklicht.

Das Projectionsbild.

Projectionsbilder kann man in grosser Zahl im Handel bekommen. Aber wer »Lichtbildner« ist, wird zunächst den Wunsch haben, seine eignen Bilder auf der Wand zu sehen; daran wird er am meisten Freude haben.

Wer sich einigermassen mit der Photographie beschäftigt hat, dem wird es ein Leichtes sein, Projectionsbilder herzustellen.

Gemalte Bilder haben mehr Reiz; die Herstellung derselben erfordert aber grosse Uebung.

Die Bilder dürfen nicht zu dicht sein. Wenn man sie auf ein weisses Blatt Papier legt, müssen sie gerade die richtige Stärke zeigen.

Auch sollen die Projectionsbilder nicht hart sein; weiche Bilder nehmen sich stets besser aus.

Wenn man selbsthergestellte Bilder projicirt, thut man gut, zwischendurch zum Vergleich andere Bilder einzusetzen, welche möglichst vollkommen sind und als Maassstab dienen können.

Das gebräuchliche Format der Bilder ist 7 × 7 cm, entweder rund oder eckig; die Platten haben das Format 83 × 83 mm oder 100 × 84 mm. In den meisten Fällen ist es nicht schwierig, eine Aufnahme auf das (für einen 10 cm-Condensor) erforderliche Format 7 × 7 cm zu bringen; man schneidet entweder ab oder verkleinert entsprechend.

Wer seine Bilder in der Grösse projiciren will, wie er sie aufnimmt, muss ein Sciopticon mit entsprechend grösserem Condensor benutzen; für 9 × 12 cm z. B. bedarf man eines Condensors von 15 cm Durchmesser.

Gute Laternbilder werden mit einem Deckglase versehen und mit einer Maske verkleidet. Diapositive, welche nur einmal vorgeführt werden, braucht man nicht durch ein Deckglas zu schützen; doch sollte man sie stets mit einer Maske versehen.

Sehr störend ist es, wenn ein Bild falsch herum eingesetzt wird. Um einen solchen Irrthum zu vermeiden, thut man gut, alle Bilder in den Kasten gleichmässig (etwa alle mit dem Kopf nach unten) zu stellen und auf den Rand jedes Bildes in eine Ecke einen kleinen Streifen weisses Papier zu kleben. Die Papierstreifen bilden zusammen ein langes weisses Band; ist dieses Band an einer Stelle unterbrochen, so steht dort eine Platte falsch. Die Papierstreifen können gleichzeitig zur Nummerirung benutzt werden.

Bei Bildern verschiedener Serien mache man die Streifen verschieden breit. Man kann dieselben dann auf den ersten Blick auseinanderhalten.

Der Bildhalter

muss in erster Linie so construirt sein, dass er Bilder verschiedener Formate gut aufnehmen kann; nichts ist während der Vorstellung so unangenehm, als wenn sich eine Platte im Halter festklemmt.

Am bequemsten ist die Verwendung eines Doppelbildhalters. Derselbe gestattet einmal ein rasches Wechseln der Bilder, zum andern bringt er dieselben sofort an ihren richtigen Platz. Ein derartiger Bildhalter ist in dem Sciopticon (Fig. 2) angebracht.

Die Wand.

Die Bilder werden entweder auf eine undurchsichtige Wand oder durch einen transparenten Vorhang geworfen. Das Aufwerfen ist stets vorzuziehen; denn in dem anderen Falle geht viel Licht verloren.

Man verwendet dazu ein weiss gedecktes, völlig undurchsichtiges Tuch, welches auf einen Holzrahmen aufgespannt oder — wie eine Landkarte — an die Wand gehängt wird. Am schönsten zeigen sich die Bilder auf einer mit Zinkweiss glatt und matt gestrichenen Wand.

Für das Durchwerfen der Bilder benutzt man eine Leinwand- oder Shirtingwand, die vorher angefeuchtet werden muss. Am einfachsten hängt man den Vorhang in einer Flugelthüre auf.

Der dunkle Raum.

Der Raum, in welchem Projectionsbilder vorgeführt werden, muss dunkel sein. Zumeist werden derartige Vorstellungen Abends gegeben, wo das Zimmer ohnehin dunkel ist. Andernfalls muss man das Tageslicht durch Blenden oder Vorhänge möglichst fernhalten.

Wenn man eine sehr intensive Lichtquelle verwendet, braucht der Raum nicht absolut dunkel zu sein. Für manche Zwecke ist das von grossem Vortheil.

Die Grösse des Bildes.

In erster Linie müssen sämmtliche Zuschauer das Bild gut sehen können. Dementsprechend müssen — gleichgültig wie gross das Bild ist — die Sitze der Zuschauer arrangirt sein. Am praktischsten ist es, wenn sie nach hinten zu ansteigen, wie es in vielen Laboratorien der Fall ist. Aber das lässt sich meist nicht machen. Man muss dann die Projectionswand entsprechend hoch und, wenn nöthig, etwas geneigt aufstellen.

Sodann müssen alle Zuschauer das Bild gut übersehen können. Dazu muss aber die Entfernung der ersten Reihe von der Wand mindestens das doppelte, besser das dreifache sein, als das Bild im Durchmesser misst. Bei gegebenem Raume darf das Bild also nicht zu gross gemacht werden.

Ueberhaupt ist es ein Irrthum, wenn man annimmt, die Wirkung würde um so besser sein, je grösser das Bild ist. Im Gegentheil sollte man das Bild lieber stets so klein machen, als es die Verhältnisse zulassen.

Für kleinere Kreise — Familien, kleinere Vereine und theilweise auch Schulen — ist zumeist ein Bild von anderthalb Meter im Durchmesser vollständig ausreichend; für Vorstellungen vor einem grossen Publikum genügt in der Regel ein drei Meter grosses Bild.

Je kleiner man das Bild macht, desto intensiver wird es — bei gleicher Beleuchtung. Wenn das Bild übergross gemacht wird, wozu natürlich eine sehr starke Lichtmenge erforderlich ist, so treten die Mängel klar zu Tage und die Wirkung des Bildes verliert.

Die Grösse des Bildes, welche das Sciopticon giebt, hängt ab von der Entfernung des Apparates von der Wand und von der Brennweite des Objectives.

Es steht der Durchmesser des Bildes auf der Wand (B) zur Entfernung des Sciopticons (E) in demselben Verhältniss wie der Durchmesser des Laternenbildes (b) zur Brennweite des Objectives (f). Diese Formel ist nur annähernd richtig, aber für alle Fälle der Praxis hinreichend genau.

Darnach kann man leicht berechnen, ein wie grosses Bild man mit einem bestimmten Objectiv in einem gegebenen Raume überhaupt erhalten kann. Es ist nämlich: $B = E \times {}^{b}/f$ oder in Worten: Projicirtes Bild = Entfernung des Apparates von der Wand × Laternenbild/Brennweite des Objectives. Die Laternenbilder messen zumeist 7 cm im Quadrat. Nehmen wir beispielsweise ein Objectiv von 14 cm Brennweite an, so wird $B = E \times {}^{7}/14 = {}^{1}/2$ d. h. das Bild auf der Wand wird halb so gross wie der Abstand des Sciopticons; in einem 3 m breiten Zimmer kann man also mit diesem Objectiv ein Bild von höchstens anderthalb Meter Durchmesser erhalten.

Andrerseits lässt sich leicht bestimmen, wie weit man mit dem Apparate zurückgehen muss, um ein Bild gegebener Grösse zu erhalten. Es ist $E = B \times {}^{f}/b$ oder in Worten: die Entfernung des Apparates ist gleich Grösse des projicirten Bildes × Brennweite des Objectives Laternenbild. Nehmen wir wieder ein Laternenbild von 7 cm Durchmesser und ein Objectiv von 14 cm Brennweite an, so ergiebt sich: $E = B \times {}^{14}/7 = 2$ B. d. h. der Abstand des Sciopticons von der Wand muss doppelt so gross sein, wie das Bild werden soll; haben wir im gleichen Falle ein Objectiv von 21 cm Brennweite, so muss dieser Abstand dreimal so gross sein wie das Bild.

Schliesslich kann man noch berechnen, ein Objectiv welcher Brennweite erforderlich ist, wenn man in einem gegebenen Raume ein Bild bestimmter Grösse erhalten will. Es ist $f = E \times b/B$ oder in Worten: die Brennweite des Objectives ist gleich dem Abstand des Apparates × Laternenbild/projicirtes Bild. Wenn das Laternenbild wieder 7 cm gross ist und wenn wir beispielsweise den Abstand des Sciopticons von der Wand zu 300 cm und die Grösse des gewünschten Bildes zu 150 cm annehmen, so ist $f = 300 \times 7/150 = 14$. Also müsste das Objectiv eine Brennweite von 14 cm haben.

Die Objective, welche gewöhnlich mit dem Sciopticon verwandt werden, haben eine Brennweite von 12—15 cm, geben also ein Bild, welches etwa halb so gross ist wie die Entfernung des Apparates von der Wand.

In manchen Fällen ist es wünschenswerth, auf eine kurze Entfernung ein grosses Bild entwerfen zu können — wenn z. B. das Bild durch eine transparente Wand geworfen wird und der Raum dahinter beschränkt ist.

An und für sich steht dem nichts im Wege: mit einem Objectiv von etwa 7 cm Brennweite würde man ein Bild erhalten, dessen Durchmesser gleich der Entfernung des Apparates ist. Aber selbst mit dem besten Objective würde man bei so kurzer Brennweite kein gleichmässig scharfes Bild erhalten: entweder ist die Mitte scharf oder der Rand. Je grösser die Brennweite des Objectives ist, desto gleichmässiger wird die Schärfe; wo es angeht, sollte man mit einer grösseren Brennweite arbeiten.

Bei Vorstellungen vor einem grossen Publikum projicirt man am besten die Bilder über die Köpfe der Zuschauer hinweg. Man braucht dann ein Objectiv mit längerer Brennweite — bei einem mässig grossen Saale etwa 20-25 cm.

Stellt man den Apparat mitten im Zuschauerraum auf, so hänge man dahinter und an den Seiten einen dunklen Vorhang auf; denn die Lichtstrahlen, welche vom Condensor reflectirt werden, würden die zurücksitzenden Zuschauer blenden.

Das Einstellen.

Wenn die Beleuchtung — sei es nun Petroleumlicht, Kalklicht oder electrisches Licht — in gutem Gange ist, muss die Lichtquelle centrirt werden. Man stellt mit dem Objective scharf ein und beobachtet den Lichtkreis auf der Wand. Ist er rein und gleichmässig erleuchtet wie A in nebenstehender Figur, so ist alles in Ordnung. Beim Petroleumlicht wird man allerdings in der Mitte einen schwachen grauen Streifen wahrnehmen; dieser Fehler lässt sich aber nicht beseitigen, und er stört auch, wenn das Bild eingesetzt ist, nicht im geringsten.

Erscheint auf dem Bildfelde rundum ein dunkler Rand wie in B, so steht das Licht zu weit vor oder zurück. Wenn der Rand roth ist, muss die Lampe zurückgestellt werden; ist er blau, so muss man die Lampe dem Condensor nähern.

Ein dunkler Halbkreis links, wie in C, zeigt sich, wenn die Lampe zu weit links, und ein solcher rechts, wie in D, wenn sie zu weit rechts steht; anderseits oben, wie in E, wenn die Lampe zu hoch, und unten, wie in F, wenn sie zu tief steht.

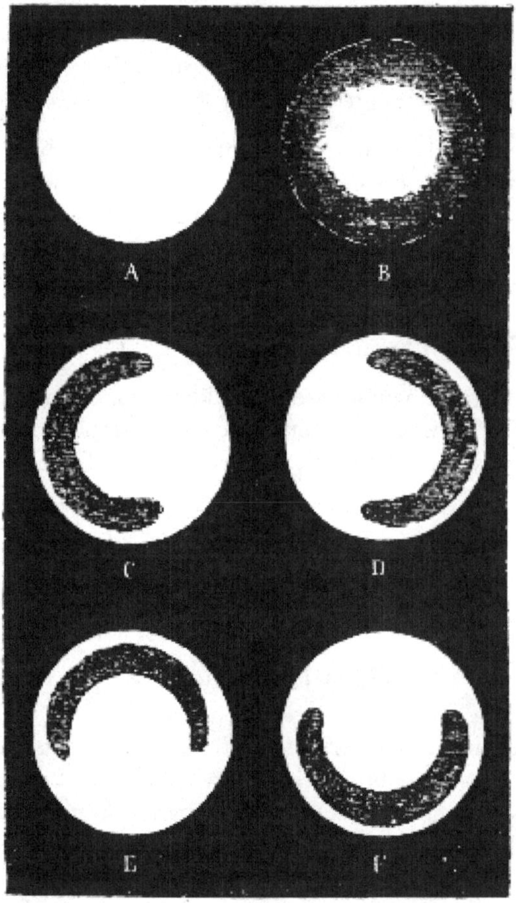

Fig. 16. Die Centrirung des Lichtpunktes.

Die Lichtquelle steht:

A .... richtig,

{zuweit zurück, wenn Rand rot
B
{zuweit vor, wenn Rand blau

C .... zuweit links

D .... zuweit rechts

E .... zu hoch

F .... zu tief

Darnach hat man die Lichtquelle in kürzester Zeit richtig centrirt. Alsdann wird ein Bild eingesetzt und scharf eingestellt. Man thut gut, den Trieb des Objectives so zu stellen, dass nach beiden Seiten gleicher Spielraum ist, und zunächst durch Hin- und Herschieben des Objectivträgers möglichst scharf einzustellen. Der letzte Schliff geschieht mit Hülfe des Triebes. Wenn man in einem grösseren Saale auf weite Entfernung hin projicirt, ist es oft schwierig, die Schärfe des Bildes vom Apparate aus zu beurtheilen. Man kann sich dann mit Vortheil eines Opernglases bedienen.

Das Doppel-Sciopticon (Nebelbilderapparat).

In der Projections-Laterne wird ein Bild nach dem andern eingesetzt. Während des Wechselns wird das Objectiv bedeckt, das Bildfeld also völlig verdunkelt oder die Bilder werden ohne das herein- und herausgehoben. Beides ist wenig schön.

Neuerdings habe ich einen Dissolver für das einfache Sciopticon construirt, welcher das Bild an allen Theilen gleichmässig verschwinden lässt, also ohne das Bild abzuschneiden, und der das Bildfeld nicht verdunkelt. In gleicher Weise erscheint das neue Bild; es gewinnt — von vorneherein scharf — an allen Stellen zugleich gleichmässig an Kraft, bis es klar und deutlich da ist.

Eine weitaus schönere Wirkung ergiebt sich, wenn man das eine Bild in das andere übergehen lässt. Dies kann man aber nur mit Hülfe zweier Sciopticons erreichen, deren Lichtfelder sich genau decken. Es werden in die beiden Laternen zwei Bilder eingesetzt, welche zu einander passen — etwa zwei Aufnahmen derselben Landschaft, die eine im Sommer, die andere im Winter. Zunächst wird das Sommerbild gezeigt; dann lässt man die Laterne langsam ausser Wirkung treten, während die andere Laterne immer stärker werdend das Winterbild auf die Wand wirft.

Man kann auf diese Weise eine unendliche Zahl der prachtvollsten Effecte erzielen.

Arbeitet man mit Petroleumlicht, so müssen beide Lampen unausgesetzt brennen. Vor den Objectiven befinden sich Dissolver, welche durch einen Hebelmechanismus miteinander verbunden. Wenn man den Handgriff bewegt, so öffnet sich der eine Dissolver in gleichem Maasse, wie der andere sich schliesst; während also das eine Bild verschwindet, gewinnt das zweite allmälig an Intensität.

Die Dissolver, welche dabei zur Verwendung gelangen, »Katzenauge« genannt, haben in ihrer Form Aehnlichkeit mit einem Momentverschluss. Sie bestehen aus zwei Messingplatten, welche sich in entgegengesetztem Sinne auf einander bewegen und die Oeffnung dazwischen dementsprechend verengen oder erweitern.

Für Kalklicht kommt ein anderer Dissolver zur Verwendung, welcher in die beiden Gasleitungen eingeschaltet wird. Während das eine Bild auf der Wand ist, erlischt das Licht in der zweiten Laterne und es bleibt dort nur ein kleines Leuchtgasflämmchen brennen, woran sich beim Drehen der Kurbel die Knallgasflamme wieder entzündet. Die Verwandlungen gehen hiermit sehr gleichmässig von Statten. Ausserdem wird viel Gas gespart.

Die dreifache Laterne (Agioscop).

Eine grosse Zahl der schönsten Effecte und Verwandlungen können nur mit drei Laternen vorgeführt werden, und viele für das Doppel-Sciopticon passende Bilder kommen in drei Laternen schöner zur Geltung.

So z. B. »Das Haus in Brand.« Zunächst sieht man das Haus am Tage: eine belebte Strasse. Es wird Abend, Nacht. Da bricht Feuer aus, die Flammen lodern zum Himmel. Schliesslich erscheint die Feuerwehr. Es kommen hierzu fünf Bilder zur Verwendung. Oder die »Wassermühle.« Erst erscheint die Mühle im Sommer; das Mühlrad dreht sich. Es wird Nacht. Der Mond steigt auf und spiegelt sich im Wasser. Dann erfolgt der Uebergang zum Winter. Schneesturm. Das Mühlrad ist eingefroren. In dieser Art lassen sich eine Menge prachtvoller Effecte mit der dreifachen Laterne vorführen.

Die Wundercamera.

(Projection undurchsichtiger Gegenstände.)

Einen grossen Reiz hat von jeher die allbekannte Wundercamera ausgeübt. Aber die Menge minderwerthiger Instrumente, welche dem Publikum geboten werden, haben diesen Apparat, ebenso wie die Laterna Magica, sehr in Miskredit gebracht.

Es geht bei diesem Apparate ausserordentlich viel Licht verloren, und es ist daher eine sehr intensive Lichtquelle erforderlich.

Mit Petroleumlicht lässt sich hier überhaupt nichts Brauchbares erreichen; das Bild wird zu schwach. Man könnte es höchstens dazu verwenden, um mit Hülfe solcher Bilder Zeichnungen anzufertigen; aber auch dann nur in kleinem Maassstabe.

Ein gutes Resultat kann man nur mit Kalklicht oder mit electrischem Licht erzielen.

Jedes Sciopticon lässt sich leicht in eine Wundercamera verwandeln. Man braucht dazu nur an Stelle des Objectivträgers einen einfachen, besonders hierfür gefertigten Ansatz anzubringen. Die Strahlen werden durch den Condensor unter einem Winkel von 45 Grad auf den Gegenstand geworfen und das Objectiv projicirt ein Bild desselben auf die Wand. Es können damit Papierbilder bis zur Visitkartengrösse sowie andere Gegenstände aller Art — ganze Münz-, Siegel-, Briefmarkensammlungen, das Werk einer Uhr, Holzschnitte aus Büchern etc. projicirt werden. Mit Kalklicht (Sicherheitsbrenner) erhält man ein vorzügliches Bild bis zu anderthalb Meter Grösse, was meist ausreicht; mit stärkerer Lichtquelle (gemischte Gase oder electrisches Licht) bekommt man ein entsprechend grösseres Bild.

Das Sciopticon steht hierbei mit der Rückseite fast nach der Projectionswand hin. Man muss das Licht, welches hier ausstrahlt, durch einen Schirm oder einen dichten Vorhang absperren.

Wer mit Kalklicht oder mit electrischem Licht arbeitet, sollte nicht versäumen, sich einen derartigen Ansatz zu seinem Sciopticon anzuschaffen.

Was den Reiz dieser Projectionen erhöht, ist die Wirkung der Farben; man sieht die Gegenstände auf der Wand so, wie sie in Natur sind, nur vergrössert. Besonders Münzen nehmen sich vorzüglich aus.

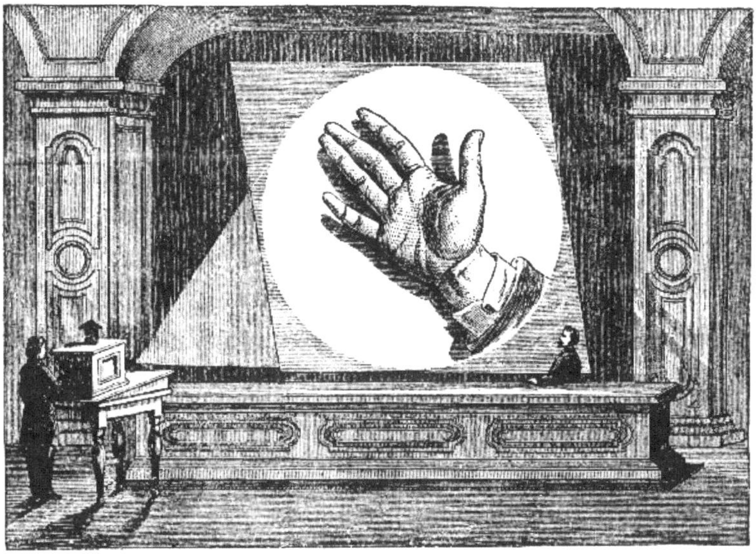

Fig. 17. Projection undurchsichtiger Gegenstände mit Verwendung eines Objectivs von grosser Oeffnung.

Bei einer derartigen Vorrichtung, wie sie sich an jedem Sciopticon anbringen lässt, wird von den Strahlen, welche der Gegenstand nach allen Seiten hin aussendet, nur ein geringer Theil ausgenutzt, da das Objectiv verhältnissmässig im Durchmesser zu klein ist.

Ein bedeutend besseres Resultat erhält man offenbar, wenn man ein Objectiv mit grosser Oeffnung verwendet, welches möglichst viel Licht aufnimmt und auf die Wand wirft; je grösser die Oeffnung desto besser.

Es kommt hierbei ein besonderer Apparat zur Verwendung, welcher aus einem einfachen Kasten besteht. Vor die Rückwand wird der zu projicirende Gegenstand angebracht; die Lichtquelle — Kalklicht oder electrisches Licht — befindet sich im Innern des Kastens an einer Seite und wirft ihre Strahlen direkt, ohne Condensor, auf das Object.

Mit diesem Apparat kann man Alles projiciren. Unsere Abbildung (Fig. 17) zeigt die Projection einer Hand. Die Wirkung ist geradezu überraschend: man glaubt die Hand eines Riesen vor sich zu haben; so natürlich wird die Farbe, die Bewegung und das Relief wiedergegeben.

Wissenschaftliche Projectionen.

Nicht nur Laternenbilder können mit dem Sciopticon projicirt werden, sondern auch wissenschaftliche Experimente aller Art.

An Stelle des Bildhalters wird das Instrument eingesetzt — eine Glascüvette zum Vorzeigen chemischer Versuche, ein Galvanoscop u. dergl.

Für manche Experimente ist eine besondere Anordnung nothwendig, welche gestattet, horizontal liegende Gegenstände zu projiciren. Eine derartige Vorrichtung lässt sich an jedem Sciopticon anbringen. Beim Universitäts-Projections-Apparat, welcher speciell für wissenschaftliche Projectionen bestimmt ist, geht die Umwandlung von der einen in die andere Form sehr schnell und einfach vor sich.

Mit diesem Apparate lässt sich auch ein Polariscop verbinden, welches die merkwürdigen Erscheinungen des polarisirten Lichtes zeigt.

Für die Projection microscopischer Objecte wird vor dem Sciopticon eines Projections-Microscop angebracht, welches kleine Präparate — das Auge der Fliege u. dergl. — in Riesengrösse auf die Wand wirft.

Besonders für Lehranstalten ist der Werth der wissenschaftlichen Projection nicht zu unterschätzen.